MISCELLANÉES MALACOLOGIQUES.

MISCELLANÉES

MALACOLOGIQUES,

PAR

A. DE SAINT-SIMON.

PREMIÈRE DÉCADE.

TOULOUSE.

IMPRIMERIE D'AUG. DE LABOUISSE-ROCHEFORT,

Rue des Balances, 43.

1848.

A

M. MOQUIN-TANDON,

Professeur à la Faculté des Sciences et au Jardin des Plantes de Toulouse.

Son élève et son ami,

A. DE SAINT-SIMON.

AVERTISSEMENT.

Cet opuscule, rédigé avec simplicité et publié sans prétention, est destiné à un petit nombre de personnes. Les Décades paraîtront irrégulièrement. L'auteur, voué par goût à l'étude des Mollusques terrestres et fluviatiles, a pensé que ses observations sur la structure des coquilles, sur l'organisation des animaux, sur leurs mœurs et sur leurs habitudes, pourraient peut-être offrir quelque intérêt. Ses amis ont bien voulu l'aider dans ses recherches et l'encourager dans sa publication. Osera-t-il réclamer l'indulgence des savants ?

Saint-Simon, 10 juillet 1848.

A. S.

1° Helix Raymondii. *Moq.*

Cette nouvelle Hélice africaine a été découverte par M. Louis Raymond, de Toulouse, chirurgien-aide-major aux ambulances d'Alger ; elle habite les crêtes rocailleuses des environs de Tuquin, le Djebel-el-Amoun.

Coquille subglobuleuse, légèrement déprimée, ayant 15 mill. de diamètre et 13 de hauteur, un peu épaisse, légèrement transparente, d'un brun corné clair, luisante, non ombiliquée ; stries longitudinales fines, serrées, assez saillantes, très-faiblement flexueuses ; stries transversales nulles ; point de carène. *Ouverture* presque circulaire, un peu rétrécie vers l'avant-dernier tour. *Columelle* peu saillante, courbée. *Peristome* continu, assez épais, solide, réfléchi, blanc ; une callosité très-marquée, surtout dans les individus adultes, cache l'ombilic. *Tours* 5, croissant progressivement ; le dernier dépasse assez fortement le bord columellaire.

Observation. On ne doit pas confondre cette espèce avec les *Helix phlebophora et undata* de Lowe. Il est possible de la distinguer de la première par les caractères suivants : La coquille est plus grande, les sutures sont moins profondes, l'ouverture est plus large, la columelle ne présente pas de teinte rose; elle diffère de la seconde par une taille plus exigue, par une spire plus obtuse, par une ouverture proportionnellement plus petite, par le dernier tour plus bombé dont le bord est beaucoup plus avancé que le bord columellaire ; elle s'éloigne de l'une et de l'autre par sa coloration, bien moins foncée, par ses stries plus fines, plus serrées, par sa surface luisante et par son péristome légèrement réfléchi.

2° Helix nautiliformis. *Porro.*

Dans sa Malacologie terrestre et fluviatile de la province de Côme (1), M. Charles Porro a fait connaître une curieuse espèce d'Hélice, déprimée, couverte de poils irréguliers, couleur de corne; remarquable par un ombilic en dessus et en dessous et par une ouverture semilunaire, étroite, qui se relève vers le haut.

M. de Charpentier de Bex a bien voulu me communiquer plusieurs individus vivants de cette espèce; j'ai pu en étudier l'animal, déjà décrit mais un peu trop brièvement par M. Charles Porro.

Animal assez petit, long de 9 millimètres, large d'un millimètre ou à peu près, très-grêle et allongé, assez

(1) Milan, 1838, p. 23.

fortement rétréci, presque pointu antérieurement, très-pointu postérieurement, plus ou moins transparent, d'un brun foncé ou d'un gris très-légèrement jaunâtre et ardoisé, bien finement et peu distinctement ponctué de grisâtre ou de brun noirâtre ; tubercules très-petits, arrondis. *Tentacules* longs, un peu gros, très-faiblement coniques, fortement renflés à la base, très divergents, d'un brun noirâtre légèrement ardoisé, peu transparents, obscurement ponctués de noirâtre ; bouton plus clair et plus transparent que le tentacule, globuleux surtout en dessous. *Tentacules supérieurs* se touchant presqu'à la base, longs de 2 1[2 millimètres, quelquefois en angle droit avec le cou, très-finement et peu distinctement chagrinés ; muscle rétracteur ne remplissant pas tout le tentacule, se rétrécissant graduellement vers la base, très-légèrement renflé vers le milieu ; bouton long d'environ un demi millimètre, oblong, globuleux en dessus, très-globuleux en dessous, assez fortement relevé, d'un brun clair, base noirâtre en dessus et en dessous. *Yeux* placés en dessus près de l'extrémité et un peu du côté extérieur, de grandeur médiocre, un peu ovales, noirs, peu saillants, assez apparents. *Tentacules inférieurs* écartés à la base, faiblement dirigés vers le bas, un peu plus clairs et plus transparents que les tentacules supérieurs, lisses ; bouton formant le tiers du tentacule, presque sphérique, noirâtre à sa base, d'un gris clair et transparent. *Mufle* assez petit, court, avancé et bombé, pointu vers les grands tentacules, évasé de haut en bas, fortement échancré et comprimé vers la base des tentacules inférieurs qu'il dépasse légèrement, d'un brun assez foncé, très-finement chagriné. *Bouche* petite, semi-circulaire, très peu profonde et peu apparente. *Lobes labiaux* petits, dépassant fortement l'orifice buccal, assez largement securiformes d'arrière en avant, ne divergeant qu'à une distance assez grande de la bouche, échancrés vers la base des tentacules inférieurs qu'ils ne touchent que par leur partie postérieure, très-pointus vers le cou dont ils sont peu distincts, jaunâtres, à peine chagrinés, très-finement bordés de grisâtre. *Cou* long de 4 millimètres et demi, large de trois-quarts de millimètre environ, assez grêle, cylindrique, médiocrement bombé en dessus, assez large remontant vers le collier et se rétrécissant très-peu d'avant en arrière latéralement; d'un brun foncé, un peu plus clair à la partie postérieure, assez confusément ponctué de noirâtre; muscles rétracteurs des grands tentacules se prolongeant le long du cou parallèlement et formant deux bandes larges, noirâtres, finissant en pointe vers le collier; tubercules un peu saillants, très-serrés, arrondis latéralement, allongés en dessus, faiblement colorés; ligne dorsale logée dans un sillon assez profond, offrant en avant deux ou trois tubercules très-écartés entr'eux; ceux qui suivent très-petits, se touchant par la pointe, très-allongés et grêles, peu saillants et peu distincts. *Pied* non frangé; côtés très-étroits, en biseau antérieurement, s'élargissant près de la queue, d'un gris légèrement jaunâtre, très-faiblement ardoisés, transparents; tubercules un peu écartés, très-arrondis et très-peu saillants, à peine colorés et peu distincts; sillons transversaux très-courts, serrés, à peine distincts; dessous arrondi antérieurement, d'un gris légèrement ardoisé, uniforme, très-finement et très-peu distinctement bordé d'une teinte bleuâtre. *Queue* longue de plus de 4 millimètres, assez large à la base, très-grêle à l'extrémité, bombée, se relevant fortement, carénée à la base; grisâtre, plus claire et plus transparente que le pied, très-faiblement jaunâtre, dépassant peu le diamètre de la coquille; tubercules incolores, grands et très-aplatis à la base, très-petits et très-peu distincts à l'extrémité. *Pédicule* cylindrique, grêle, très-relevé, lisse, d'un grisâtre clair. *Collier* entourant l'animal, très-étroit, un peu plus large entre le cou et l'orifice respiratoire, atteignant presque le bord de l'ouverture, bombé, distinctement boursouflé, d'un roux sombre; points laiteux écartés, apparents; lobe fécal très-allongé, pointu, triangulaire, plus foncé que le reste du collier, ses côtés fortement courbés en dedans; trou respiratoire placé dans la fente supérieure de l'ouverture da la coquille, dirigé vers le haut, assez grand, très-évasé et très-profond, rond en dedans, oblong extérieurement, plus évasé vers le haut de la coquille, bords d'un gris roussâtre.

Epiphragme complet, crétacé, mat, opaque.

L'animal est assez vif dans la marche et, au moindre contact, il rentre brusquement dans sa coquille ; il n'en sort qu'avec beaucoup de lenteur; le cou ne se faisant voir que long-temps après la queue, et celle-ci ne se contournant pas. Le Mollusque soulève tout-à-fait sa coquille et la met en travers dans sa marche ; il secrète en même temps une assez grande quantité de mucus aqueux.

Habite Valgana, près de Varèse, où il a été découvert par M. Charles Porro. Les individus qui m'ont été envoyés par M. de Charpentier avaient été recuillis par lui, dans le mois de septembre dernier.

Observations. Les tentacules supérieurs sont remarquables par leur bouton qui se relève comme celui des Clausilies ; les lobes labiaux s'avancent sur la bouche, ils s'écartent peu l'un de l'autre. La mâchoire, qu'on aperçoit à travers le mufle, un peu au devant des grands tentacules, paraît très-longue et très-étroite, semi-circulaire et à denticules marginales nombreuses.

3° Helix angigyra. *Ziegl.*

Cette jolie espèce de l'Italie supérieure, a été bien décrite et bien figurée dans l'excellent ouvrage du professeur Rossmæssler (1), où l'on ne trouve, à la vérité, que des détails conchyliographiques.

Dans une phrase, malheureusement trop succincte (2), M. Charles Porro a donné quelques indications sur l'animal.

Les individus vivants qui ont servi à mon étude, ont été recueillis dans les environs de Varèse, par M. de Charpentier.

Animal de grandeur moyenne, long de 12 millimètres, large de 2 millimètres, grêle, à peine rétréci, presqu'ar-

(1) Icon., I. (1835), p. 70, fig. 21.
(2) Malacol. Com. (1838), p. 24.

rondi en avant, pointu en arrière, noir luisant et d'un brun foncé en dessus, brun grisâtre en dessous; tubercules très-petits, peu saillants, médiocrement apparents, arrondis. *Tentacules* longs, peu renflés à la base, globuleux et arrondis à l'extrémité, très-peu distinctement chagrinés. *Tentacules supérieurs* divergents, très-rapprochés à la base, longs de 6 millimètres, faiblement coniques, d'un brun noirâtre, très-médiocrement transparents; muscle rétracteur à peine distinct, très-rétréci à la base; bouton long d'un demi millimètre, presque sphérique, un peu évasé, globuleux surtout en dessous, très-arrondi à l'extrémité, presque noirâtre principalement à la base. *Yeux* situés près de l'extrémité, un peu du côté extérieur, petits, très-peu saillants, ronds, noirs, peu apparents. *Tentacules inférieurs* assez écartés à la base, assez divergents, longs d'un millimètre, presque cylindriques, dirigés vers le bas; bouton à peu près sphérique, très-arrondi à l'extrémité, long d'un quart de millimètre, presque noirâtre, roux vers le sommet. *Mufle* assez petit et assez bombé, long d'un millimètre et demi, oblong, avancé, dépassant médiocrement la base des tentacules inférieurs entre lesquels il est très-convexe, échancré vers la bouche, brun noirâtre, foncé, luisant; tubercules très-serrés, arrondis, un peu saillants. *Bouche*, située au-dessous du mufle, assez grande, profonde, semi-circulaire, apparente. *Lobes labiaux* assez grands, peu saillants sur le pied, dépassant faiblement la bouche, assez échancrés vers la base des tentacules inférieurs dont ils sont très-rapprochés, presque complétement divergents, pointus et distincts vers le cou, larges et évasés en avant, d'un brun foncé; tubercules très-petits, écartés, noirâtres. *Mâchoire* large d'un tiers de millimètre, assez arquée, d'un fauve clair orangé, plus foncée vers le bord libre; 12 à 14 stries verticales, parallèles, peu distinctes, répondant à autant de denticules à peine prononcées. *Cou* long de 6 millimètres, large d'environ 2 millimètres, cylindrique, médiocrement bombé en dessus, assez dilaté, graduellement rétréci vers le collier latéralement, brun noirâtre foncé, luisant, plus clair vers le collier; tubercules petits, un peu saillants, très-serrés, plus grands, écartés, irréguliers postérieurement; ligne dorsale logée dans un sillon large, assez fine, saillante, apparente, un peu sinueuse. *Pied* non frangé; côtés étroits, presque arrondis antérieurement, larges en arrière, dépassant peu le cou, d'un brun foncé, peu transparents, bordés largement de grisâtre; tubercules très-petits, écartés, noirâtres, apparents; sillons transversaux serrés, peu manifestes; dessous large, arrondi antérieurement, d'un brun grisâtre; points laiteux assez écartés et visibles. *Queue* longue de 6 millimètres à peu près, large d'un millimètre, relevée à la base, grêle et pointue au bout, assez bombée, carénée, dépassant d'un millimètre le diamètre de la coquille, un peu plus claire que le pied; tubercules noirs, peu saillants, petits, écartés. *Pédicule* nul. *Collier* assez étroit, un peu concave, n'atteignant pas le bord de l'ouverture, finement boursouflé, brun grisâtre, assez clair; points laiteux petits, serrés, peu distincts; lobe fécal long de 3 millimètres, fortement recourbé, plus foncé que le collier; trou respiratoire touchant presque la gouttière de l'ouverture de la coquille, petit, étroit, semi-circulaire, n'occupant pas la largeur du collier, peu évasé, assez finement bordé de noirâtre.

Epiphragme complet, mince, fragile, flexible, opaque, placé un peu en arrière et obliquement dans l'ouverture de la coquille, d'un blanc mat, presque crétacé, très-finement granulé, non irisé, ayant des lignes blanchâtres comme celui de l'*Hel. obvoluta*, non perforé vis-à-vis du trou respiratoire.

L'Animal est lent, paresseux, très-irritable; il secrète un mucus aqueux assez abondant; sa coquille paraît inclinée et oscille dans la marche.

Observations. L'orifice sexuel est situé à un millimètre au-dessous du tentacule droit. La veine pulmonaire est peu ramifiée.

4° Helix Dupotetiana. *Terv.*

var. β *alba.*

Cette Hélice a été dédiée à M. Dupotet, par son ami M. Terver de Lyon (1); elle se trouve assez commune dans l'Algérie occidentale.

Cette espèce varie beaucoup. M. Terver assure qu'elle ne devient jamais blanche comme l'*Helix Zaffarina.* Dans un envoi de Mollusques, adressé des environs d'Alger à M. Moquin-Tandon, par M. Louis Raymond, nous avons observé plusieurs individus vivants d'un beau blanc de lait; mais l'avant-dernier tour avait conservé, dans l'intérieur de l'ouverture, sa teinte brune caractéristique;

(1) Cat. des Moll. terr. et fluv. du Nord de l'Afrique (1839); p. 13, n° 6.

celle-ci s'étendait sur la dent columellaire; l'intérieur du dernier tour était à peine roussâtre.

Je vais donner la description de l'animal.

Animal un peu grand, long de plus de 4 centimètres, large de 10 millimètres, oblong, assez grêle, un peu rétréci et arrondi antérieurement, légèrement atténué et pointu en arrière, plus ou moins transparent, surtout dans les parties antérieures, d'un gris roussâtre assez foncé ou d'un gris jaunâtre clair; tubercules saillants, très-serrés, assez petits surtout antérieurement. *Tentacules* longs, de grosseur médiocre, un peu renflés à la base, divergents, presque cylindriques, très-finement et très-peu distinctement chagrinés de brun, globuleux, roussâtres et plus foncés à l'extrémité. *Tentacules supérieurs* longs de 12 millimètres, d'un brun assez clair, un peu écartés à la base, transparents; muscle rétracteur remplissant tout le tentacule, se rétrécissant brusquement près du cou; bouton ayant près d'un millimètre de long, bombé en dessus, très-gobuleux en dessous, ovoïde, placé obliquement par rapport au sens de la longueur des tentacules, un peu rétréci en dessus, roussâtre, plus foncé à l'extrémité. *Yeux* situés au-dessus des boutons, très-petits, saillants, ronds, noirs, apparents, un peu confus sur les bords. *Tentacules inférieurs* longs de 4 millimètres, un peu plus écartés à leur base que les grands tentacules, dirigés vers le bas, plus lisses et plus colorés que les tentacules supérieurs; boutons ayant environ trois-quarts de millimètre de long, très-faiblement globuleux et peu évasés, fortement arrondis à l'extrémité. *Mufle* grand, avancé de 3 millimètres, très-bombé, fortement relevé entre les tentacules supérieurs, oblong, se rétrécissant un peu de bas en haut, long de 4 millimètres, ne dépassant que d'un demi millimètre la base des tentacules inférieurs, assez peu échancré vers la bouche, d'un gris roussâtre; tubercules très-petits, très-faiblement colorés. *Bouche* assez petite et assez profonde, semi-circulaire, en demi entonnoir. *Lobes labiaux* assez petits, dépassant fortement l'orifice buccal, divergents près de celui-ci, très-faiblement anguleux, assez distincts vers le cou, à peine échancrés autour de la base des tentacules inférieurs, largement sécuriformes de haut en bas, d'un gris jaunâtre un peu foncé, finement et distinctement chagrinés, étroitement bordés de roussâtre antérieurement et de jaunâtre en arrière. *Mâchoire* large de 2 millimètres un quart, très arquée, d'un fauve brun, assez robuste; 4 côtes verticales, parallèles, un peu écartées, très-fortes, répondant à autant de denticules très-saillantes. *Cou* long de 2 centimètres, large de 5 millimètres, cylindrique, bombé en dessus, étroit, remontant peu vers le collier latéralement, d'un gris roussâtre foncé presque opaque, plus clair postérieurement; tubercules assez petits, très-saillants, fortement noirâtres, allongés, linéaires près du pédicule; ligne dorsale nulle antérieurement, très-fine et très-étroite en arrière. *Pied* non frangé; côtés étroits et échancrés en avant, s'élargissant en arrière, dépassant de 2 millimètres et demi le cou dont ils sont assez distincts, d'un gris jaunâtre clair, médiocrement transparents ; tubercules irréguliers, de grandeur inégale, arrondis, rugueux, moins saillants que ceux du cou, très-faiblement colorés de brunâtre, plus grands vers les bords ; sillons transversaux très-peu distincts. *Queue* longue de près de 2 centimètres, triangulaire, large et relevée à la base, faiblement pointue, dépassant d'environ deux millimètres le diamètre de la coquille, d'un gris jaunâtre, médiocrement bombée, faiblement carénée; tubercules peu saillants, plus grands et plus aplatis que ceux du pied, rugueux vers la pointe; sillons transversaux à peine apparents. *Pédicule* assez gros, court, grisâtre; tubercules allongés, à peine saillants. *Collier* entourant l'animal, large au-dessus du cou, se relevant vers celui-ci dont il est séparé par un vide, débordant sur le côté columellaire, boursouflé, d'un brun verdâtre très-foncé; points grisâtres très-petits et serrés, formant une tache large autour du trou respiratoire; lobe fécal assez grand, triangulaire, pointu, évasé; trou respiratoire, éloigné de 4 millimètres de l'avant-dernier tour, ovale, ayant une ouverture égale à la distance qui le sépare du tour mentionné plus haut.

Observation. L'animal se rapproche assez de celui de l'*Helix vermiculata*.

5° Helix marmorata. *Fer.*

L'*Helix marmorata* a été signalé comme indigène dans le midi de l'Espagne (Fér.) et la Sardaigne. (Ziegl.) Mon ami, M. Léon Partiot, en a reçu plusieurs individus vivants des environs de Sollers (Ile de Majorque).

Animal finement et régulièrement chagriné, d'une couleur cendrée un peu bleuâtre et très-pâle; vu à la loupe, les tubercules paraissent blanchâtres sur un fond ardoisé. *Tentacules* de la même nuance que le fond, avec de très-petits points blancs, saillants surtout vers la partie inférieure. *Tentacules supérieurs* longs et grêles, pointus, renflés au sommet; *inférieurs* très-saillants. *Yeux* noirâtres, peu apparents. *Cou* assez long; une bande blanchâtre, fondue sur les côtés, règne dans la partie dorsale. *Pied* allongé, étroit, d'un blanc laiteux, un peu transparent, pointu en arrière et dépassant la longueur de la coquille. *Collier* d'un blanc un peu cendré, marqué d'un très-grand nombre de petits points d'un blanc laiteux.

L'animal porte sa coquille à peu près horizontalement dans la marche.

6° HELIX LANUGINOSA. *Boissy*.

Cette Hélice se trouve à Oran, près la porte du ravin, à la Cascade du Sifsel, près de Tlemcen et à Mazagran. (Terv.)

M. de Boissy l'a observée à Palma. Les individus vivants d'après lesquels la description suivante a été faite sont originaires des Iles Baléares.

ANIMAL peu chagriné, d'un blanc légèrement roussâtre, un peu transparent. *Tentacules* faiblement grisâtres. *Tentacules supérieurs* assez longs, très-grêles, globuleux et un peu noirâtres au sommet. *Tentacules inférieurs* assez saillants, un peu renflés à l'extrémité, plus pâles que les supérieurs. *Yeux* noirs, très-saillants. *Cou* assez long, un peu gris roussâtre en dessus. *Pied* oblong, étroit, très-pâle, assez transparent sur les bords et à la partie inférieure, très-pointu en arrière, dépassant le diamètre de la coquille. *Collier* très-pâle, marqué d'une infinité de petits points blanchâtres.

L'animal est assez vif et porte obliquement sa coquille dans la marche.

7° Pupa Partioti. *Moq.*

Ce Maillot a été observé pour la première fois aux environs de Saint-Sauveur (Hautes-Pyrénées) par M. Léon Partiot. Il se trouve en assez grand nombre sur les premiers échelons des montagnes qui entourent la vallée de Luz, au midi, dans les fentes des rochers. J'en ai recueilli plusieurs individus au fond du cirque de Gavarnie, sous les pierres; ailleurs, il n'habite que les régions les plus basses.

M. Moquin-Tandon avait d'abord désigné cette espèce sous le nom de *Pupa labiosa* (1), et l'avait envoyée à M. Rosmæssler qui devait la publier dans son Iconographie. Bruguière ayant appelé *labiosus* (2), un Bulime qui doit rentrer dans le genre *Pupa*, M. Moquin a cru devoir substituer le nom de *Partioti* au premier nom spécifique.

(1) Août 1843.
(2) Encycl. méth., p. 347, n° 85. (Excl. syn. Müll.?)

Coquille longue de 6 à 7 millimètres, large d'un millimètre et demi à deux, un peu ventrue et un peu conique, allongée, pourvue d'une fente ombilicale peu profonde, d'un brun fauve corné, assez luisante, épaisse, solide, très-peu transparente; stries longitudinales assez serrées, fortement saillantes, presque droites, à peu près effacées vers le sommet; stries transversales nulles; point de carène. *Ouverture* semi-ovalaire, tronquée vers l'avant-dernier tour; celui-ci remontant un peu vers la columelle et portant deux plis dont l'un, élargi à son extrémité, forme un des côtés de la gouttière; l'autre interne et plus saillant, parallèle au premier. *Columelle* très-reculée, fortement saillante; deux plis, le plus rapproché du pénultième tour ne la dépasse pas; le second venant aboutir au péristome, fortement recourbé, plus saillant que le précédent; plis du dernier tour, au nombre de trois, saillants, un peu courbés, parallèles. *Peristome* presque continu, très-épais, solide, blanc, réfléchi, terminé en avant de la columelle par un tubercule peu marqué. *Tours* 9, étroits, peu bombés, croissant très-progressivement; l'avant-dernier plus court que le précédent; le dernier évasé vers l'ouverture, très-faiblement échancré vers la gouttière. *Crête* très-courte, arrondie, peu apparente.

Observations. Dans quelques individus, la coquille est très-allongée, presque cylindrique; dans d'autres, le pli inférieur de la columelle est moins saillant, mais toujours fortement recourbé, tandis que dans le *Pupa secale*, dont cette espèce paraît assez voisine, les deux plis sont toujours parallèles.

8° CLAUSILIA LECCOENSIS. *Villa* (ex Charp).

Cette jolie espèce, dont je dois la connaissance à la bonté de mon savant ami M. de Charpentier, ressemble beaucoup à la *Clausilia clavata* de Rosmæssler (1); mais elle en diffère par la forme de la coquille qui est moins grêle et moins effilée; sa couleur paraît plus sombre, les stries sont moins apparentes, l'ouverture plus resserrée, les sutures sont garnies de papilles fort étroites. La crête du dernier tour se trouve plus droite, plus courte et beaucoup moins saillante.

ANIMAL petit, long de 6 millimètres, large de moins d'un millimètre, oblong, un peu rétréci et arrondi antérieurement, assez grêle postérieurement, noir ou d'un brun noirâtre, presque opaque; tubercules assez saillants, noirâtres. *Tentacules* gros, coniques, divergents, arrondis à l'extrémité. *Tentacules supérieurs* un peu écartés et

(1) Iconogr. 4, 1836, pag. 12, n° 254.

assez larges à la base, longs de 2 1[3 millimètres, assez grossièrement chagrinés, d'un brun noirâtre, fort peu transparents ; muscle rétracteur très-rétréci à la base; bouton long d'un tiers de millimètre, un peu évasé, globuleux, plus renflé en dessous, noirâtre, presque opaque. *Yeux* situés à l'extrémité des boutons, un peu en dessus et un peu du côté extérieur, assez grands, ronds, peu saillants, noirs, très-peu apparents. *Tentacules inférieurs* très écartés à leur base et fortement divergents, longs d'un tiers de millimètre, gros, coniques, dirigés à peu près horizontalement, lisses, noirâtres, opaques; bout non renflé, présentant une ligne brune à l'extrémité. *Mufle* long d'un millimètre, un peu oblong, assez bombé, avancé, faiblement relévé entre les grands tentacules, dépassant de très-peu la base des tentacules inférieurs, brusquement comprimé vers la bouche, étroitement échancré vers celle-ci, d'un brun noirâtre; tubercules assez saillants, petits, oblongs, noirâtres. *Bouche* petite, assez profonde, arrondie, apparente, brunâtre. *Lobes labiaux* assez petits, dépassant peu l'orifice buccal, divergeant à une certaine distance de celui-ci, assez saillants sur le pied, pointus et médiocrement distincts vers le cou, très-peu échancrés contre la base des tentacules inférieurs qu'ils touchent, sécuriformes d'arrière en avant, d'un brun grisâtre, transparents sur les bords ; tubercules petits, assez écartés, à peine saillants et très-faiblement colorés de noirâtre, arrondis. *Mâchoire* large d'environ un sixième de millimètre, très-forte et très-arquée, semi-circulaire, brune, pâle, assez transparente, plus foncée vers le bord libre ;

une saillie très-obtuse au milieu de celui-ci dont les deux côtés s'écartent assez fortement; point de stries antérieures ni de denticules marginales. *Cou* long de plus de 3 millimètres, large d'environ un millimètre, cylindrique, très-bombé en dessus, pourvu de côtés larges, remontant un peu vers le collier, à peu près noir et opaque, grisâtre, beaucoup plus clair postérieurement; tubercules assez grands et serrés, très-allongés en dessus, anguleux, polyédriques latéralement; ligne dorsale logée dans un sillon large et distinct, fine, saillante, formée de tubercules très-courts, oblongs. *Pied* non frangé, très-finement bordé de grisâtre; côtés un peu rétrécis, en biseau peu marqué antérieurement, brusquement élargis vers le collier, dépassant à peine le cou, d'un brun foncé très-peu transparent; tubercules légèrement anguleux et un peu allongés, très-petits antérieurement, faiblement colorés et peu apparents; sillons transversaux très-courts, larges, parallèles, à intervalles noirâtres; dessous du pied arrondi antérieurement, brun ardoisé, plus sombre près des bords; points noirâtres très-petits, très-serrés, fort peu apparents. *Queue* longue d'environ 3 millimètres, large et fortement relevée à la base, assez pointue à l'extrémité, triangulaire, bombée, non carénée, dépassant à peine l'avant-dernier tour, d'un brun grisâtre assez foncé, un peu plus claire vers les bords qui sont très-finement ponctués de noirâtre; tubercules grands, écartés, à peine saillants, assez fortement colorés vers la base, anguleux, irréguliers, plus petits et très-peu colorés vers les bords; quelques sillons transversaux marqués partant de la base, ceux des bords très-petits, analogues aux sillons du pied. *Pédicule* très-court et très-gros, cylindrique, brun grisâtre; tubercules très-allongés, à peine saillants et presque pas colorés. *Collier* annulaire, entourant l'animal, assez bombé, lisse, couvrant presque le bord de la coquille, étroit, d'un brun foncé légèrement roux et grisâtre; points noirâtres petits, serrés, médiocrement apparents; trou respiratoire placé dans la gouttière, assez petit, rond, à peine évasé, profond, non bordé de noirâtre.

Epiphragme mince, membraneux, transparent, irisé.

L'animal est assez lent, paresseux dans ses mouvements, irritable; il tient la coquille horizontale pendant la marche, et secrète un mucus aqueux, abondant; dans la contraction, ce Mollusque retire la mâchoire contre l'anneau nerveux, entre les tentacules supérieurs qui sont alors repliés sur eux-mêmes.

Observation. La couleur de l'animal est plus ou moins foncée, selon les individus.

Coquille longue de 15 millimètres, large de 3, assez ventrue, non ombiliquée, peu épaisse, d'un brun roussâtre corné, assez luisante, d'une transparence médiocre;

stries longitudinales assez fines, serrées, saillantes, distinctes, grisâtres pour la plupart; stries transversales nulles; point de carène. *Ouverture* ovale, un peu rétrécie vers l'avant-dernier tour; pli supérieur mince, peu marqué; un pli transversal, allant vers le pli columellaire; celui-ci très-fortement saillant, tordu; pli du dernier tour placé vers le fond de l'ouverture, droit, mince. *Peristome* un peu épais, continu, réfléchi, assez évasé, blanc. *Tours* 10, croissant très-graduellement; les premiers assez grêles; sommet peu marqué, jaunâtre; papilles fines, peu distinctes, rares sur les premiers tours, serrées sur les derniers. *Crête* très-courte, obtuse, peu apparente, presque droite.

Osselet (*clausilium*) fortement recourbé, un peu pointu vers le bout, retenu vers le dernier tour par un rebord assez saillant; la queue (*pédicule Moq.*) paraît assez courte.

Habite les environs de Lecco, province de Côme, où elle a été recueillie par M. de Charpentier.

9° Cyclostoma (Pomatias) Partioti. *Moq.*

On trouve dans la coquille de ce *Cyclostome* des différences marquées qui le font distinguer des *C. obscurum*, *maculatum* et *patulum*. L'étude de l'animal confirme pleinement cette séparation. La description de ce dernier paraîtra dans l'ouvrage sur les Mollusques terrestres et fluviatiles de la France, que mon ami, M. Moquin-Tandon, doit publier prochainement.

Coquille longue de 9-10 millimètres, large de 4 millimètres à la base, assez allongée et assez conique, percée d'une simple fente ombilicale, brune, un peu cendrée, épaisse, solide, peu transparente, légèrement luisante, quelquefois presque matte; stries longitudinales très-fines et très-serrées, un peu sinueuses, plus ou moins distinctes. *Ouverture* presque circulaire, à peine pointue vers la naissance du dernier tour. *Peristome* presque continu, double, épais, fortement réfléchi, blanc. *Tours* 7-8, croissant très-progressivement; les deux premiers bruns, finement granulés; le dernier faiblement caréné; une ou deux bandes rougeâtres à peine marquées le long de la carène.

Opercule très-rond, d'un gris brun, très-finement ponctué de noir; l'animal le retire jusqu'à la moitié du dernier tour.

Habite le cirque de Gavarnie, où il a été découvert par M. Partiot, sous des fragments de rochers.

Observation. Cette espèce est plus grande que le *C. obscurum* et présente des tours plus bombés; elle est plus petite que le *C. maculatum* et offre des tours moins saillants. Les stries de sa coquille paraissent plus fines, plus serrées, moins prononcées que dans l'un et dans l'autre. L'ouverture, qui est ovale dans le *C. obscurum* et circulaire dans le *C. maculatum*, se trouve ovale-arrondie dans notre espèce. La teinte cendrée presqu'unicolore du *C. Partioti* rappelle la coloration du *C. patulum* Drap.

PALUDINA SIMONIANA. *Charp.*

Dans son *Mémoire sur quelques Mollusques terrestres et fluviatiles nouveaux pour la Faune de Toulouse* (1), M. Moquin-Tandon a signalé un petit Mollusque fluviatile, découvert par M. Léon Partiot, dans les alluvions de la Garonne. Il l'a rapporté, avec doute, au *Paludina vitrea* de Mencke (*Cyclostoma vitreum* Drap.) La coquille de ce Mollusque n'offre pas une ressemblance bien parfaite avec la figure publiée par Draparnaud; mais on savait, par tradition, que cette dernière n'était pas extrêmement fidèle. Des échantillons de la *Paludine*, dont il s'agit, ayant été adressés à M. de Charpentier à Bex, par M. Moquin-Tandon et par moi, ce savant observateur nous écrivit, qu'il possédait des individus authentiques du *Cyclostoma vitreum*, lesquels lui avaient été communiqués dans le temps par M. de Grateloup, élève et ami de Draparnaud, et que ces individus étaient totalement distincts de l'espèce Toulousaine. Plus tard,

(1) Mém. Acad. scienc. Toulouse, t. 6, 1843, p. 182, n° 54.

M. de Charpentier, ayant étudié de nouveau notre Mollusque, crut devoir en faire une espèce séparée, qu'il désigna sous le nom de *Paludina Simoniana.* J'ai devant les yeux un échantillon de *Paludina vitrea*, extrait de la collection de Férussac, lequel est exactement semblable à ceux de Draparnaud; M. Moquin et moi, nous l'avons comparé à un grand nombre d'individus (plus de cent) recueillis sur les rives de la Garonne, et nous avons reconnu la légitimité de l'espèce proposée par M. de Charpentier.

Coquille longue d'un millimètre et demi à 2 millimètres, large à la base d'un demi à deux tiers de millimètre, grêle, allongée, un peu conique, lisse, mince, fragile, peu transparente, d'un blanc laiteux, non carénée. *Ouverture* ovale, un peu rétrécie vers l'avant-dernier tour. *Columelle* allongée, linéaire, un peu courbe. *Peristome* continu, très-mince et fort tranchant. *Tours* 6-7, assez larges et assez bombés; les deux premiers formant un mamelon peu apparent; le dernier à peine plus grand que les précédents, cachant à peu près tout l'ombilic et n'y laissant qu'une fente peu marquée, très-finement et à peine granulé; bord très-avancé à la partie inférieure.

Habite les alluvions récentes de la Garonne, au-dessus de Toulouse.

Observations. L'animal de cette espèce étant inconnu, on n'a pas été d'accord sur le genre auquel il doit appartenir; la longueur de la coquille, ses tours qui croissent très-progressivement, la forme de son ouverture, semblent le ranger parmi les *Acme* Hartm. (*Pupula* Agass.); mais d'un autre côté, la coquille est très-mince, fragile, un peu transparente, quoique roulée; l'ouverture présente un bord tranchant; les tours sont bombés, tandis que dans les *Acme*, on observe une coquille solide, à peu près opaque; le peristome est muni d'un rebord très-marqué; les tours sont presque aplatis. La différence est surtout très-apparente dans le dernier de ceux-ci. De tout ce qui précède, on peut conclure, que cette petite espèce n'est pas une *Acme*, mais une *Paludine.*

Une observation secondaire vient à l'appui de l'opinion qui considère ce Mollusque comme un animal aquatique. Dans les détritus, charriés par les eaux, les espèces terrestres, même les plus petites, ayant roulé avec les éboulements, présentent pour la plupart leur ouverture remplie de terre, tandis que les espèces aquatiques, à têt mince, surnageant après la mort de l'animal, ne s'imprégnent pas de limon. Or, il est à remarquer dans la *Paludine Simonienne*, que l'ouverture est toujours propre, comme si la coquille avait été nettoyée.

La *Paludine Simonienne* diffère du *Paludina vitrea* par sa taille plus exigue, par sa forme plus allongée, plus étroite, plus cylindrique, par ses tours plus nombreux, plus bombés et par son ouverture proportionnellement plus petite.

M. Moquin-Tandon possède dans sa collection une petite *Paludine*, recueillie en Bavière, sous le nom de *Paludina hyalina*, qui présente de grands rapports avec l'espèce de Toulouse. Après un examen attentif, il m'a paru que la *Paludine Simonienne* est un peu plus petite, plus courte, plus cylindrique et plus transparente; elle offre plus de tours, et ceux-ci sont moins larges et moins aplatis. L'ouverture de la *Paludine hyaline* est plus grande, plus ovale et plus évasée.

Cette espèce rappelle un peu, pour la forme, le *Paludina Ferussina*, dont la science est redevable à mon excellent ami M. Charles des Moulins.

FIN.

www.ingramcontent.com/pod-product-compliance
Ingram Content Group UK Ltd.
Pitfield, Milton Keynes, MK11 3LW, UK
UKHW021958260726
13994UKWH00004B/1818

9 782329 379265